"十二五"上海重点图书

"纳米改变世界"青少年科普丛书

本书出版由上海科普图书创作出版专项资助

纳米药物

Nano Medicine

蒋 晨／主编

华东理工大学出版社
EAST CHINA UNIVERSITY OF SCIENCE AND TECHNOLOGY PRESS

·上海·

目录

纳米药物的体内"旅程"

　　纳米药物具有良好的热力学稳定性、较小的尺寸（纳米级粒径）、表面积/体积比大、生物相容性好等优点，使其在体内具有独特的分布处置过程。纳米药物具有能够在某些特定部位富集的性质，使得它在医药领域具有独特的价值。目前研究较多的肿瘤靶向释药，主要就是利用纳米药物的纳米尺寸效应从肿瘤间隙的内皮血管逸出而进入肿瘤内发挥药物疗效。对纳米粒放射性标记后，相比于其他器官和组织，肿瘤部位的放射性明显增强，说明纳米药物对肿瘤组织确实具有特定的靶向性。

　　纳米药物进入体内后究竟会经历哪些过程？又会遇到哪些阻碍？下面让我们一起探索纳米药物的体内"旅程"。

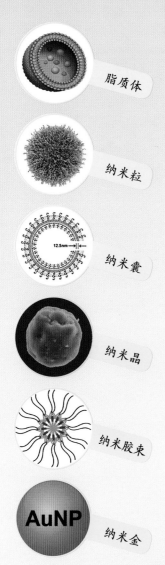

脂质体

纳米粒

纳米囊

纳米晶

纳米胶束

AuNP 纳米金

常见的
纳米药物
制剂形式

纳米技术的发展不断渗透和影响着当今世界药物的研究和开发，为实现安全有效的药物和诊断试剂的递送奠定了基础，纳米药物这一新名词也就随之产生了。纳米药物最大的优势在于：利用纳米颗粒的小尺寸效应，纳米药物可以更高效地进入细胞，并便于生物降解或吸收；纳米颗粒具有更大的比表面积，可链接或载带功能基团或活性中心；纳米颗粒所具有的多孔、中空、多层等结构特性，能实现药物的包载和缓控释放。

纳米药物通过粒径、表面性质等改变了药物的物理化学性质、生物活性、药物体内传输过程等，促进药物溶解、改善药物吸收、提高药物的作用部位靶向性，从而提高药物疗效。纳米药物在解决溶解性差的药物的口服吸收、抗肿瘤药物体内靶向肿瘤输送等方面的应用价值巨大。

由于药物用于人体，载药材料要求无毒、生物相容性好、可生物降解。载药材料分为两大类：一类是天然材料如脂类、糖类、蛋白质等；另一类是合成的高分子材料，如聚乳酸、氨基酸类树状高分子及其衍生物和共聚物等。

体内的"河流"
——血液循环

药物想要发挥作用，不管通过口服、注射或者其他给药方式都必须先进入人体血液循环，通过血液循环到达病变的组织和器官才能发挥药效。纳米药物也不例外，主要通过静脉注射给药的方式将纳米药物注入人体。人体血液循环系统主要有心脏、血管、血液组成的相对封闭的管道系统，同时又由体循环和肺循环两部分组成。通过血液循环中的血液，可以把营养物质输送到全身各处，并将人体内的废物收集起来，排出体外。

血液中的不同成分也将对纳米药物在体内分布过程产生影响。血液由血浆和血细胞组成，纳米载体药物作为外来异物进入血液循环系统时，将和血液中的各种成分发生相互作用。白蛋白是血浆中含量最丰富的一种蛋白。纳米药物与白蛋白的相互作用是快速和非特异性的，白蛋白可以沉淀在纳米药物表面，保护纳米药物与其他蛋白质的进一步调理作用，在一定程度上可以增加纳米药物的血液循环时间。

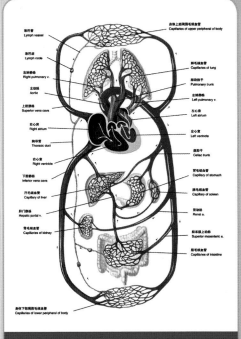

人体的血液循环

知识链接

2005年（ABRAXANE®）产生了商业化的白蛋白包衣紫杉醇的纳米药物，与紫杉烷类溶剂制剂相比，可以明显改善药物的耐受性，提高药物的给药剂量。

历经重重"障碍"
——各组织器官

如果用交通运输系统来比喻纳米药物在体内的过程，那么纳米载体就是一辆辆汽车，而药物分子就是需要运送的货物。纳米药物的目的就是要把药物分子这些货物通过纳米载体这一辆辆汽车运送到想让它发挥药效的器官或组织。体内错综复杂的血管就是一条条高速公路，是连接各组织器官的通道，也是纳米药物在体内循环运动的通道。

如果不对纳米药物进行结构修饰，它就可以通过自身的纳米尺寸效应被动地导向组织器官。如果给它接上靶向分子，就像给汽车安装了一个导航装置，纳米药物将精确到达靶向器官和组织。纳米药物进入血液后先通过心脏，再经过肺毛细血管的筛选后，可谓经过重重障碍，才最终到达各个组织器官。

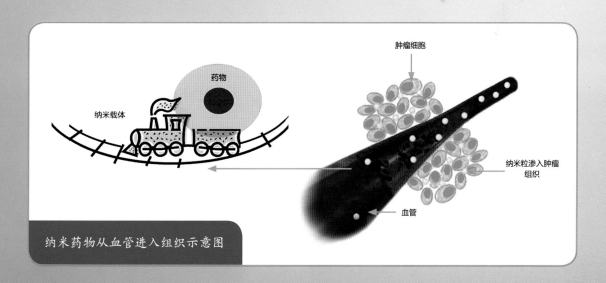

纳米药物从血管进入组织示意图

初级"过滤网"——肺

　　纳米药物粒子通过静脉网被直接运送到心脏，传递到右心室，并继续流向肺循环，整个心输出血液首先通过肺。肺部的毛细血管是人体内最小的血管之一，人类和啮齿动物的毛细血管内直径都是$2\sim13\mu m$（$1\mu m=10^{-6}m=1000nm$）。因此，它们构成了纳米载体药物初级筛选屏障：直径$10\mu m$不易变形的纳米药物粒子被肺部永久截留；$3\sim6\mu m$的粒子最初被截留在肺毛细血管，但最终能够逃逸出来，到达全身血液循环；而粒子小于$3\mu m$可避免肺潴留，"畅游"在血液的"河流"中，通过肺静脉返回左心室，然后泵入全身血液循环。由于纳米药物粒径较小，大部分的纳米药物都可通过初级"过滤网"肺的筛选而进入全身血液循环。

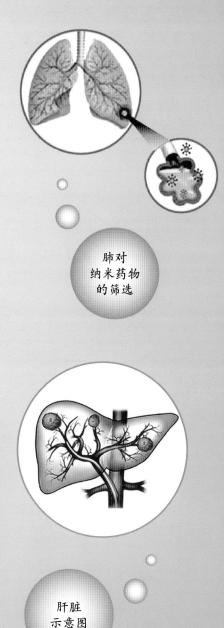

肺对
纳米药物
的筛选

人体的"化工厂"——肝脏

　　肝脏通过肝门静脉和肝动脉接受来自肠道和心脏的血液，在人的代谢、胆汁生成、解毒、凝血、免疫、热量产生及水与电解质的调节中均起着非常重要的作用，是人体一个巨大的"化工厂"。血液通过渗透性的不连续毛细血管网（窦状隙）到达中央静脉和肝静脉。窦状隙是直径$5\sim10\mu m$无基底膜的有空隙的毛细血管。肝细胞是负责大部分肝脏代谢和分泌活动的功能性单位，呈多角形，直径约为$20\sim30\mu m$。

肝脏
示意图

肝细胞排成条索状分布于窦状隙外围，其内的Kupffer细胞属于单核巨噬细胞。这一防御体系被称为网状内皮系统，对外来异物有着强大的识别能力。小于150nm的纳米药物能够避免被单核巨噬细胞捕捉，可以扩散到窦状间隙或到达肝细胞；小于50nm的纳米药物可改善在肝脏中的分布能力，能扩散到更深部位的窦状间隙。由此，静脉注射后的纳米药物主要集中分布在单核巨噬细胞的周围。

人体中最大的淋巴器官——脾脏

脾脏是一个血液灌流丰富的人体最大的免疫器官，它参与淋巴细胞的生成与再循环，也参与血液消耗后残留成分的储存。纳米药物在脾脏中会产生免疫反应，因此它们在脾脏中很难被滞留。由于肝脾血流的差异，导致纳米药物的脾脏分布与肝脏的摄取呈负相关性。例如，用聚乙二醇修饰纳米药物可避免肝脏的摄取，脾脏中的摄取反而增加；没有用聚乙二醇修饰的纳米药物容易被肝脏摄取，脾脏中分布较少。限制纳米药物进入脾脏的因素有很多，一般认为硬性高、粒径大（>200 nm）和长且不规则形状的纳米粒子易滞留在脾脏中。

奔向旅程"目的地"——进入细胞

纳米药物在经过前面一系列的"障碍"后，最终的目的是要进入细胞。药物只有进入细胞，才能引起特定的生物效应，发挥治疗效果。

纳米药物由三部分组成：纳米载体、药物和特异性配体。纳米药物经过器官和组织后，就会被相应的组织细胞摄取。细胞摄取的过程可以是受体介导的方式，也可以是直接内吞，或者经由其他通道进入细胞。

纳米粒子想要进入细胞内，受到多种因素的影响。例如，药物的性质、粒子的粒径大小、表面的电荷、粒子的形状、材料的强度以及纳米粒子的生物相容性等。在几种不同形状的纳米药物中，规则的、圆球形纳米药物最难进入细胞；非圆球形纳米粒子除了可以延长在血液中的循环时间，还可以改变在体内的分布，更容易进入细胞。椭圆形的纳米药物比圆球形纳米药物更容易被细胞内吞。

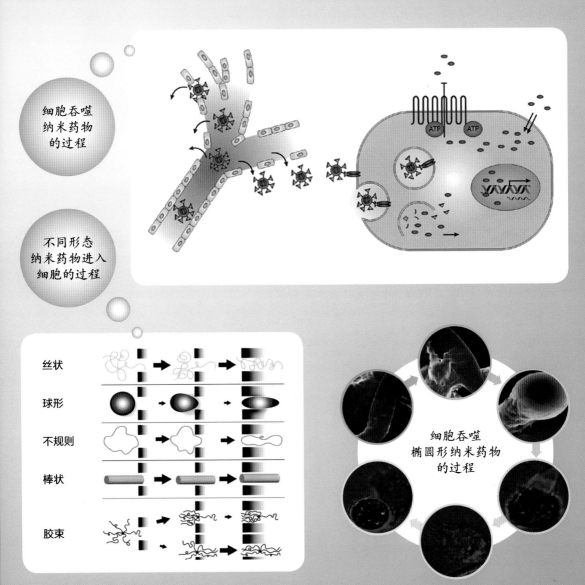

细胞吞噬纳米药物的过程

不同形态纳米药物进入细胞的过程

丝状

球形

不规则

棒状

胶束

细胞吞噬椭圆形纳米药物的过程

纳米药物的旅程"末途"——体内排出

不管是什么药物，通过口服、注射或其他给药方式进入人体以后，经过机体的吸收、分布及代谢一系列过程，最终将排出体外。纳米载体药物在首先进入人体血液循环接着分布到各组织器官被细胞摄取以后，同样也要被排出体外。在人体中，药物可以从肠、肺、乳腺、唾液腺或汗腺排出，其中肾排泄和胆汁排泄是最重要的排泄途径。所以，纳米药物体内旅程的最后一站就是肾和胆囊。

◌ 肾排泄

肾有过滤血液的作用，血流量约占全身血流量的$1/5 \sim 1/4$，肾小球滤液每分钟约生成120mL，一昼夜总滤液量约$170 \sim 180$L。滤液经肾小管时，99%被回吸收，故正常人尿量约为1500mL/d（毫升/天）。

如果纳米药物被肾组织截留，肾滤过作用不能较快清除截留物，就会产生药物蓄积和毒物积累。大部分的纳米药物必须通过体内降解成小分子物质后才能被肾脏排泄。

◌ 胆汁排泄

胆汁约75%由肝细胞生成，25%由胆管细胞生成，胆汁主要成分为水、胆汁酸、胆固醇、磷脂以及蛋白质。一般来说，药物通过门静脉和肝动脉进入肝脏血液循环，经肝细胞的血管侧膜摄取进肝细胞内，在肝细胞内药物经过氧化、还原、水解和结合等代谢反应后，其最终产物经肝细胞的胆管侧膜排泄入胆汁，最后由胆汁排入肠道。

纳米药物一般必须通过液相胞吞作用来转运到毛细胆管。吸附在纳米药物表面的蛋白质可促进肝细胞的识别。大小在$2 \sim 200$nm的纳米药物可以通过胆汁排泄。纳米药物的胆汁排泄过程相对缓慢，排泄的数量通常也较小。$8 \sim 48$小时的胆汁排泄量小于注射剂量的$5\% \sim 10\%$。

（王建新，蒋晨，沙先谊）

大分子纳米药物

改变传统的药物治疗方式

在神奇的自然界中，生命现象千姿百态。鸟儿天上飞，鱼儿水中游，这些看似不相关的生命现象其本质却有着高度的一致性。今天人们已经清楚地知道，所有生命活动的物质基础都是蛋白质，而蛋白质是通过基因编码在生物细胞中合成的。无论蛋白质还是基因，对维护正常的生命形态和功能都具有非常重要的作用，因此它们可以被用于治疗各种疾病，但同时它们的分子量又很大，与传统的小分子药物在理化性状、作用方式和递送策略上有很大差异。因此，本章就向小读者们介绍一下这些大分子纳米药物。

"大"个头，大作为
——特殊的大分子纳米药物

什么是大分子纳米药物呢？它们是用来治疗、预防和诊断疾病的一类分子量比较大的物质。它们被称为大分子药物，是因为和小分子药物相比，它们的体积要大得多。但实际上，大分子药物的个头还是处于纳米尺度，我们用肉眼无法看到它们，可是它们的威力很大，由它们组成的"特种部队"在人的身体里可以战胜像肿瘤、糖尿病、生长紊乱、血液病和肝炎这些传统药物疗效不佳的疾病。

大分子药物究竟有多大？

聪明的小读者，你能想象到大分子药物的个头有多大吗？小分子化学药物的分子量通常小于1000，大小不到1个纳米。大分子药物的分子量可以达到几千、几万甚至上百万，大小能够达到几个纳米甚至几十个纳米。例如，免疫球蛋白G（IgG）的分子量有15万，单个分子的直径就达到了10.7nm。

但IgG分子也只有一根头发丝粗细的五千分之一那么大，所以我们用肉眼是看不到的，只能借助一些先进的仪器来观察或解析它们的真实结构。我们打个比方，如果把小分子药物看成乒乓球的话，那么大分子药物的个头就要比排球还大。

大分子药物有哪些种类？

大分子药物主要包括小分子化学药物与高分子形成的复合物及生物技术药物两大类。

化学药物–高分子复合物

　　这是一类人为设计的分子，由药物和高分子材料两部分构成。有些高分子是直线型或分枝状的，小分子药物通过一些不稳定的化学键连接在高分子骨架或侧链的末端，就像树枝上结的一串串果实。还有一些化学药物-高分子复合物的结构就像是西瓜，化学药物被包裹在高分子材料聚集形成的颗粒中，正如西瓜籽分散在西瓜中一样。随着不稳定化学键的断裂或高分子颗粒的分解，小分子药物逐渐被释放出来。

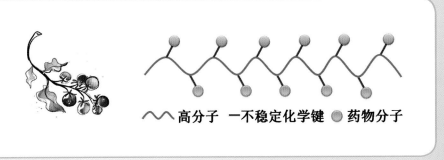

左图为树枝上的果实，右图为化学药物-高分子复合物

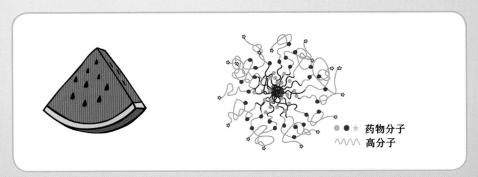

左图为西瓜，右图为化学药物-高分子复合物

生物技术药物

生物技术药物是指以细胞及细胞的组成分子为原始材料，利用生物系统或者活生物体生产出来的药物，包括蛋白质、多肽和核酸类药物。例如，小读者们必须接种的疫苗就是生物技术药物的一个代表。

蛋白质与多肽类药物

构成蛋白质与多肽的基本单元是氨基酸。我们身体内常见的氨基酸有20种，许多氨基酸连接在一起形成肽链。人们习惯上将含有少于30个氨基酸的肽链称为多肽，将含有30个以上氨基酸而且具有复杂空间结构（构象）的肽链称为蛋白质。蛋白质和多肽药物治疗疾病的作用与它们的空间结构有很密切的关系，如果它们天然的空间结构受到破坏，就会失去原有的生物功能。

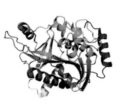

多肽的分子结构　　蛋白质的分子结构

核酸类药物

核酸的基本构成单元为核苷酸，包括脱氧核糖核酸（DNA）和核糖核酸（RNA）两大类。它是生物体的遗传物质，是合成蛋白质的"图纸"，负责把父母的身体特征传递给子女。核酸药物主要包括两类：可在细胞内编码具有生物学功能蛋白质的DNA，以及具有细胞内调节功能的核酸分子。两者都带有大量的负电荷，而且空间体积很大，难以被细胞摄取。核酸药物与带有正电荷的载体（经过改造去除致病性的病毒、聚合物或脂质体）结合后，核酸分子的体积被显著压缩，有利于向细胞内渗透。

大分子药物来源于我们的身体

除了化学药物－高分子复合物以外，许多大分子药物原本就存在于我们每一个人的身体里。例如，我们身体里有各种各样的蛋白质、多肽和基因，它们都具有特定的生物功能，因此可以作为药物治疗相应的疾病。身体制造出调控生命活动的重要蛋白质，它们通常先与高价金属离子（如Zn^{2+}）形成难溶性的复合物储存在体内，然后再根据需要缓慢地释放出来。这种储存方式非常有利于蛋白质类药物的稳定。

内源性的大分子就像组成我们身体的重要零件，一直在帮助我们维护着正常的生命机能，如果缺少它们人们就可能会生病。例如，生长激素缺乏会导致矮小症，胰岛素缺乏会导致糖尿病，基因损伤或突变会导致各种遗传疾病等。在这种情况下，我们必须从身体外补充这些大分子物质。

蛋白质与金属离子的
结合方式

胰岛素分子与Zn^{2+}离子
形成六聚体

大分子药物如何发挥作用？

大分子药物就如同是被派到体内的一支"特种部队"，能够有效地发现和治疗生病的"坏"细胞，通常只需要很小的剂量就可以发挥很大的作用。这主要归因于大分子药物对作用位点的选择性更强，并且与治疗疾病相关的受体结合更加紧密，两者的亲和力往往比小分子药物高几个数量级。

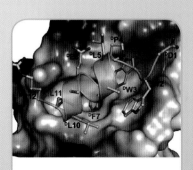

多肽药物与受体结合

"脆弱"的大分子药物

为什么说大分子药物是"脆弱"的呢，难道它像玻璃制品一样容易碎裂吗？的确如此，大分子药物很不稳定，它们的空间结构和化学结构容易因外界环境条件的改变而遭受破坏，这些因素包括水分、温度、pH值、离子强度、氧化剂和疏水性的表面等。例如，在水溶液中，蛋白质的肽链容易发生断裂，形成没有生物活性的多肽碎片。再举个简单的例子，鸡蛋里面含有丰富的蛋白质，在煎鸡蛋时，伴随着温度逐渐升高，这些蛋白质的结构发生改变（变性）并相互交联在一起凝固，生鸡蛋就变成了熟鸡蛋。与蛋白质一样，核酸受热也会变性。一旦大分子发生变性，不仅将失去治疗疾病的作用，还有可能在体内引起免疫反应。

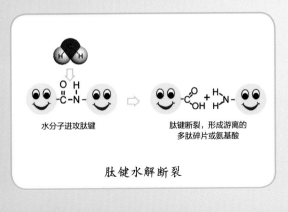

肽键水解断裂

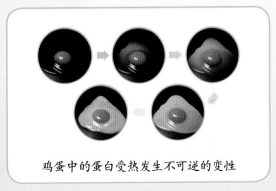

鸡蛋中的蛋白受热发生不可逆的变性

大分子药物的"脆弱"性还表现在另一个方面，就是与小分子药物相比，它们很容易被身体里的各种酶分解，导致它们在体内发挥治疗作用的时间很短。我们的身体具有防御外来物质入侵的功能，身体的免疫系统就好像是卫兵，外来的药物分子就好像是入侵者。卫兵负责监视身体内部环境的变化，寻找并抓捕入侵者，给它们标上记号并"处以刑罚"。药物分子的个头越大，在身体里就越容易被识别。而且大分子药物的结构中含有很多不稳定的化学键，一旦受到酶的攻击，很容易发生分解。

"大"个头，难驾驭
——如何把大分子药物送入体内

通过注射给药避开身体的吸收屏障

我们的身体有很多保护性的屏障，它们将身体内部与外界的环境隔绝开来，维护着体内环境的稳定。小分子药物个头比较小，可以直接穿过细胞或者通过细胞与细胞之间的空隙进入血液中。而大分子药物的个头比小分子大得多，很难跨越正常的吸收屏障进入体内。

多数药物分子通过跨越吸收屏障的上皮细胞进入全身血液循环。细胞膜具有较强的疏水性和一定的流动性，更倾向于让脂溶性的药物通过，而将水溶性的药物拒之门外。绝大多数的生物技术类大分子药物都有很强的亲水性，这构成了它们难以跨越吸收屏障的第二个原因。

既然大分子药物存在跨越吸收屏障的困难，就需要想办法帮助它们突破身体的保护性屏障。采用注射方式给药是使大分子药物避开吸收屏障直接进入体内最有效的方法。

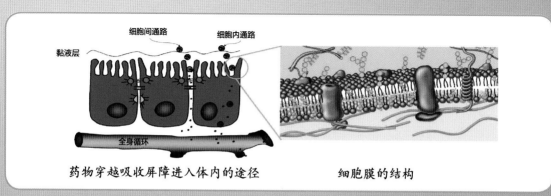

药物穿越吸收屏障进入体内的途径　　　　　细胞膜的结构

给大分子药物披上"保护罩"

　　小读者还记得前面我们说过大分子药物在体内停留的时间很短，很容易被清除掉吧。由于这个原因，生物技术类大分子药物需要频繁地注射给药。例如，胰岛素每天要注射3次，这实在是一件很痛苦的事情。如果能够帮助大分子药物躲过免疫系统和酶的识别，它们就不容易被代谢，在体内发挥作用的时间也就延长了。有一种成熟的延长大分子药物体内循环时间的方法——聚乙二醇（PEG）修饰。PEG本身是亲水性很强而且非常柔软的高分子材料，当被修饰到大分子药物表面后会将它们包裹起来，就像给它们披上了一件保护罩。经过PEG伪装后，免疫系统和酶无法识别这些大分子药物，因此能够显著延长它们在体内的作用时间。

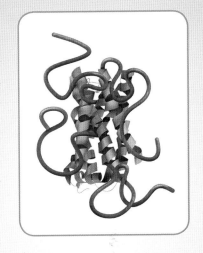

聚乙二醇
修饰的蛋
白质药物

帮助大分子药物在体内"安家"

　　解决生物技术类大分子药物需要频繁注射给药的问题，还有另外一个方法——帮助大分子药物在体内"安家"。有一些高分子材料能够在体液的环境中发生降解（水解或酶解），因此被称为可生物降解材料。如聚乳酸或乳酸－羟基乙酸共聚物在体内最终被分解为水和二氧化碳。利用这种材料制成粒径为几十个微米的微球，或直径小于2毫米、长度不到2厘米的小棒，可以通过注射的方式植入体内。生物技术类大分子药物包埋在微球或小棒中，形成药物储库，就像把"家"安在身体内一样，能够随着高分子材料的降解平缓地持续释放药物一个月以上，使用起来非常方便。

帮助大分子药物突破黏膜吸收的阻碍

　　小读者都有切身的体会，注射给药是会痛的，如果吃药就能治好病，相信没有人愿意去打针。那么大分子药物能不能通过口服或其他方式给药呢？

　　胃肠道等黏膜部位除了存在生物屏障之外，还有众多的"破坏分子"阻碍对大分子药物吸收。如胃内的强酸性环境和胃肠道中消化食物的各种酶，都会使生物技术类大分子药物分解，因此人们口服之后很少被机体吸收利用。利用酶抑制剂降低胃肠道中酶的活性，同时利用吸收促进剂增大黏膜上皮细胞之间的间隙，有助于改善对大分子药物的吸收。还有其他一些促进对大分子药物吸收的办法，如将大分子药物包裹在纳米颗粒中，避免它们与胃肠道中的"破坏分子"直接接触，并通过胞吞转运或肠道黏膜上的M细胞（一种特殊的淋巴细胞）摄取。

　　肺部吸入是促进对大分子药物吸收的理想给药途径，其优势体现在：肺黏膜的表面积非常大，而且肺泡外面紧密包裹着丰富的毛细血管，有利于对大分子药物的吸收；另外，肺黏膜的酶较少，对大分子药物的破坏性很小。

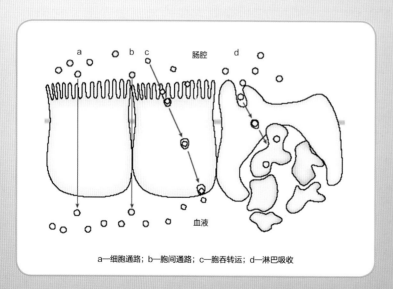

a—细胞通路；b—胞间通路；c—胞吞转运；d—淋巴吸收

纳米颗粒通过
胞吞转运或
肠道黏膜上的
M细胞摄取

20

未来的大分子药物会是什么样？

　　如今，大分子药物的发展速度已经超过了小分子化学药物，正在逐渐改变着传统疾病的治疗方式，并为许多顽固疾病的治疗带来了新的希望。但是，大分子药物存在稳定性差、难以透过吸收屏障、体内半衰期短等共性问题，这些不利的因素为设计临床应用的产品提出了挑战。例如，胰岛素是治疗I型糖尿病最有效的药物，虽然现在已有胰岛素的长效制剂（精蛋白锌胰岛素）应用于临床，但仍需要每天注射一次。如果有一种制剂或给药装置能实现更长的作用时间，并根据患者体内血糖水平的反馈信息自动释放胰岛素，将极大地方便患者使用。我们期待未来的大分子药物能够更稳定，更长效，更安全而且更智能，给药后能够选择性地富集在需要它们发挥作用的病灶部位，减少在非靶组织的分布。希望在不久的将来，更多的大分子药物能够实现通过口服或其他非损伤途径给药，使患者更乐于接受，并获得像注射给药一样被充分的吸收。这些将是非常有意义的工作，正等待着小读者们长大后去探索！

（魏刚）

仿生纳米药物

仿生纳米药物指的是可以模仿生物或生物活性物质的自然属性，将药物递送到特定部位的纳米结构。与聚合物纳米药物或脂质体纳米药物受限于材料不同，仿生纳米药物可用不同自然属性的纳米材料制备，也可通过改造具有某种自然属性的纳米材料，使其具有特定的生物功能。

纳米红细胞

红细胞是人体血液中最丰富的细胞，主要功能是携带氧气（O_2）和二氧化碳（CO_2）。红细胞具有较好的柔性，可以穿过毛细血管，而且体内循环时间很长（120天）。由于红细胞有这些优良的特征，许多科学家都采用红细胞膜制备各种纳米药物。如有的科学家将载药纳米粒结合在红细胞表面，使纳米粒体内循环时间从几分钟延长至10小时。也有的科学家将红细胞膜取出后直接包封在纳米粒的表面，获得一种新型的纳米红细胞。从而可伪装成体内的红细胞，使人体的免疫系统不能识别，误认为是"自己人"，故纳米红细胞具有很好的体内长循环特征（3天以上），可克服大部分纳米载体体内循环时间较短的问题，特别适合作为药物的载体。

纳米红细胞还有一个重要功能：吸附毒素。由于纳米红细胞体积极小，比表面积极大，因此毒素会优先吸附到纳米红细胞的表面，而不会攻击红细胞，从而保护红细胞免受伤害。由于纳米红细胞这种吸附毒素的独特能力，科学家形象将其称为纳米海绵（nanosponge）。

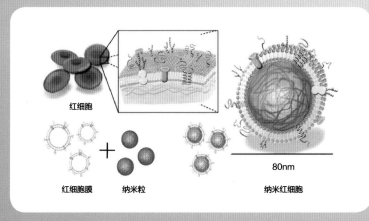

纳米红细胞的制备过程

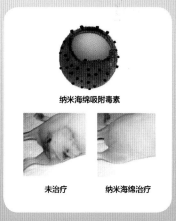

纳米海绵去毒对动物的保护作用

仿肿瘤细胞纳米药物

恶性肿瘤是目前危害人类健康最严重的一类疾病，在全世界范围内其导致的死亡率仅次于心血管疾病而居第二位。肿瘤组织由实质和间质两部分构成，肿瘤实质是肿瘤细胞，是肿瘤的主要成分，具有组织来源特异性，是产生肿瘤的病源。与正常细胞不同，肿瘤细胞有三个显著的基本特征，即不死性、迁移性和失去接触抑制。目前手术切除、放射、化疗为主要的肿瘤治疗手段。但由于肿瘤的迁移性，疾病状态下，体内肿瘤细胞极难完全清除，许多肿瘤患者治疗后仍然容易复发。采用免疫接种提高人体对肿瘤细胞的抵抗力是预防或治疗肿瘤的有效途径之一。肿瘤细胞由于其强烈的致瘤性不能作为抗原进行免疫，而提取纯化肿瘤细胞的抗原提呈成分则较为困难。科学家们将肿瘤细胞膜提取出来，将其包封在纳米粒的表面，构建一种纳米肿瘤细胞。这种纳米结构不仅没有肿瘤细胞的致瘤性，保留了抗原提呈成分，可以将抗原提呈给树枝状细胞，产生免疫反应，而且还对同型的肿瘤细胞具有特异性靶向作用，在肿瘤的免疫和靶向治疗方面显示出较好的应用前景。

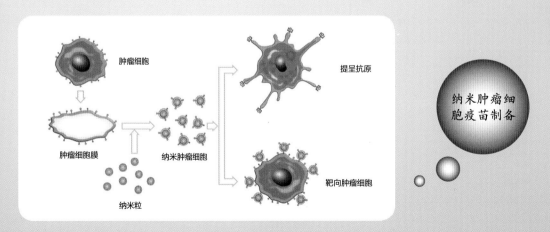

肿瘤细胞

提呈抗原

肿瘤细胞膜　　纳米肿瘤细胞

纳米粒

靶向肿瘤细胞

纳米肿瘤细胞疫苗制备

仿病毒纳米药物

　　病毒是自然界常见的纳米级微生物，许多病毒对人体细胞都有高效的入侵能力和基因整合能力，这种能力与其独特的病毒壳体结构密切相关。利用病毒壳体蛋白的重组装能力和免疫原性，可以构建高效的仿病毒纳米粒。这个仿病毒纳米粒制备工艺非常简单，成本较低，而且可以大规模的生产，主要用于疫苗的生产。接种仿病毒纳米粒所产生的免疫效果可与减毒病毒相当，而且毒性比病毒低。此外，还可以将各种药物装载在这种仿病毒纳米粒内，可以模仿病毒高效地递送药物到特定的细胞，用于疾病的治疗。

　　由于病毒壳体蛋白存在一定免疫原性，用于药物递送时可能存在一定的副作用，科学家采用低毒性的聚合物包载药物，然后在聚合物表面结合一层白蛋白，形成与病毒结构类似的仿病毒智能纳米凝胶。这种仿病毒智能纳米凝胶在正常生理条件下粒径为55nm，但在肿瘤内的微酸性环境下可以膨胀变大至355nm，从而释放药物，有利于肿瘤的治疗。

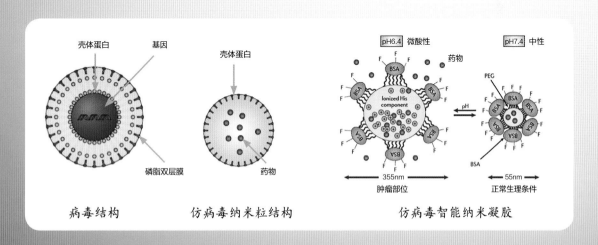

病毒结构　　　　　仿病毒纳米粒结构　　　　　仿病毒智能纳米凝胶

仿细菌纳米药物

　　细菌是自然界常见的微米级生物，某些细菌可以侵入人体并逃避人体免疫系统的攻击，与特定的细胞相互作用，导致人类疾病。因此，将细菌改造，去掉其毒性，保留其对人体特定细胞的亲和能力，并利用其表达蛋白的高效能力，将毒性蛋白基因装入细菌内，就可以设计一种细菌药物炸弹，用于癌症的治疗。如细菌Bifidobacterium, Clostridium和Salmonella对体内某些肿瘤细胞有特定识别能力，静脉注射后能在肿瘤内特异性分布，并且生长繁殖。科学家们将这些细菌改造后可以使这些细菌在肿瘤内不停地释放毒性蛋白或细胞毒素，从而杀死肿瘤，目前已在动物试验中取得了较好的效果。

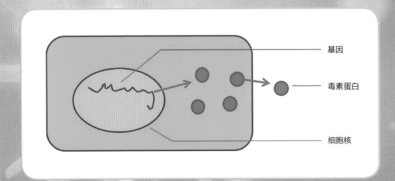

基因

毒素蛋白

细胞核

仿细菌
纳米药物

仿生脂蛋白纳米药物

　　阿尔茨海默症是一种常见的脑神经退行性疾病，随着人类年龄的老化，该病症发病率逐渐增加，严重威胁人类的健康。已有研究表明，β粥样淀粉蛋白（Aβ）是阿尔茨海默症的核心致病物质之一，通过降低脑内β粥样淀粉蛋白水平，有助于阿尔茨海默症的治疗。高密度脂蛋白（HDL）是脂蛋白的一种，是由蛋白质和脂质组成的大分子复合物。其主要功能是将胆固醇从身体组织运输到肝脏进行代谢，血液中大约30%的胆固醇通过HDL运输。科学家利用HDL的这种转运特征，设计一种融合高密度脂蛋白 ApoE3–rHDL，这种融合蛋白可以模拟天然高密度脂蛋白，形成仿生脂蛋白纳米粒。动物实验显示，这种仿生脂蛋白纳米药物可以降低脑内β粥样淀粉蛋白水平，大大改善阿尔茨海默症疾病模型小鼠的认知功能。同时，该纳米药物还可以高效载药，毒性低，适用于阿尔茨海默症的长期治疗，具有良好的应用前景。

　　仿生纳米药物由于模仿生物或生物活性物质的某些自然属性，可以将药物递送到特定部位或具有特定的生物学功能，展现出很好的应用前景。但我们也看到，仿生纳米药物仍处于起步发展阶段，许多方面还不够完善，面临诸多挑战。首先，仿生纳米药物多采用自然来源的生物颗粒或结构成分制备，如何获得并保持这些生物颗粒或结构成分的完整性仍然是一个难题。另外，安全性问题也有待解决，如许多细菌或病毒来源的仿生纳米药物里含有大量的免疫原性成分，可能引起严重的免疫反应。总之，随着科学家对生命过程的深入探索与理解，仿生纳米药物前景将一片光明。

（庞志清）

无机纳米"药物"

诊断、治疗和递释

根据纳米材料构成的主体物质类别，可分为有机纳米材料和无机纳米材料。无机纳米材料是指其组成的主体为无机物质，如金属元素铁、金、锰、钛，非金属元素碳、硅等。无机纳米材料在生物医学领域的应用研究得到越来越多的关注和重视，发展非常迅猛，因为它合成容易、结构简单、性质稳定，以及独特的理化性质等优势，在疾病诊断、治疗和药物输送等方面展示出了广阔的应用前景。但因目前仍处于前期的基础应用研究，真正被各国批准上市的药物很少，这也是标题中的药物一词为什么用引号的原因之一。不过有理由相信，将来会有越来越多基于无机纳米材料的药物被批准上市，为患者带来全新的治疗体验和希望。

让肿瘤无处遁形的诊断药物

疾病诊断是疾病预防、病情监测及疾病治疗的关键。疾病越早被诊断发现，就可以越早实施治疗，避免病情"悄无声息"地在身体里不断扩散发展，延误最佳治疗时间，最后造成不可挽回的结果。目前，科学家们正致力于研发以无机纳米材料为基础的诊断试剂，可实现对恶性肿瘤等重大疾病的早期诊断，最终造福于人类健康。

核磁共振造影剂

该类药物主要适用于临床医学上的核磁共振成像仪。核磁共振造影剂为磁性物质，它本身不产生信号，但可以通过影响组织内氢核系统的弛豫时间（缩短纵向T1和横向T2弛豫时间）来改变信号强度，从而与周围正常组织形成对比，达到诊断的目的。它可分为T1弛豫造影剂和T2弛豫造影剂。目前临床上常用的是钆喷酸葡胺（Gd-DTPA），商用名为马根维显，为Gd类T1造影剂，是正向造影剂。为进一步提升核磁共振对病灶部位诊断的敏感性、特异性和准确性，实现早期诊断，一批无机纳米T1弛豫造影剂和T2弛豫造影剂正得到科学家们广泛关注。

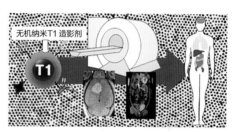

利用无机纳米T1弛豫造影剂对肿瘤等疾病进行诊断

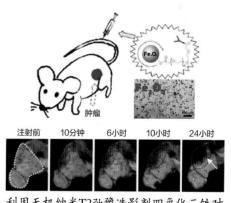

利用无机纳米T2弛豫造影剂四氧化三铁对肿瘤进行诊断 (图片来源Adv. Mater., 2006, 18, 2553)

计算机断层扫描成像（CT）造影剂

计算机断层扫描成像（CT）造影剂主要适用于临床医学上的计算机断层扫描成像仪。它根据人体不同组织对X射线的吸收与透过率的不同，应用灵敏度极高的仪器对人体进行测量，然后将测量所获取的数据输入电子计算机，电子计算机对数据进行处理后，就可形成人体被检查部位的断面或立体的图像，从而能发现体内任何部位的细小病变。目前临床上常用的CT商用造影剂是非离子型碘制剂，如碘海醇、欧乃派克等，但它们在血液里的半衰期小于10分钟且缺乏肿瘤特异性。金与碘相比，有着更高的原子序数（Au, 79；I, 53）和 X 射线吸收系数，因此CT诊断效果将变得更佳。

为提高金纳米颗粒注射到荷瘤鼠体内后对肿瘤的靶向性，提高药物达到病灶部位的精准度，科学家们将能特异性靶向鳞状细胞癌的抗表皮生长因子受体，连接到金纳米颗粒表面。通过对比观察注射前，以及注射靶向金纳米颗粒6小时后的CT图像，可以清楚看到小鼠身上的肿瘤被诊断识别。

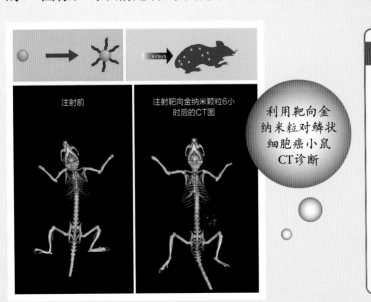

注射前

注射靶向金纳米颗粒6小时后的CT图

利用靶向金纳米粒对鳞状细胞癌小鼠CT诊断

知识链接

HU为CT值的单位，称为亨氏单位，是测定人体某一局部组织或器官密度大小的一种计量单位。规定以水为标准，为0HU，空气为-1000HU，骨为+1000HU。人体各种组织均包括在2000个等级之内。

(图片来源*Int. J. Nanomed.*, 2001, 6, 2859)

其他造影剂

其他的造影剂主要还有无机纳米光声成像造影剂：可利用吸收近红外光的光声成像造影剂提高光声成像的信噪比。目前已报道的无机纳米光声成像造影剂有金纳米粒子、碳纳米管、硫化铜纳米粒子等。

正电子发射成像（Positron Emission Tomography，PET）造影剂：主要利用在无机纳米材料上连接放射性元素，如^{64}Cu等进行成像。

光学成像（Optical Imaging）造影剂：主要有无机纳米量子点、稀土掺杂无机纳米材料等可发射荧光的物质。

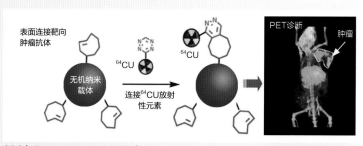

（图片来源Mark D. Girgis, et al, 2011）

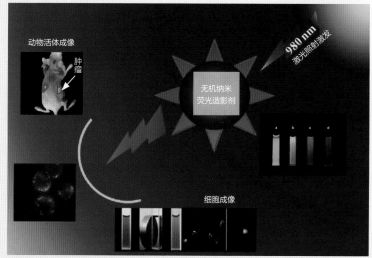

（图片来源*Cryst Engcomm*, 2013, 15, 7142; *J . Alloys and Compounds*, 2012, 525, 154 ）

31

可将肿瘤烧死的热疗药物

治疗肿瘤的传统方法有手术切除、化疗、放疗和热疗法。热疗同化疗、放疗相比副作用较少，因而在肿瘤治疗中具有良好的发展和应用前景。近年来，基于无机纳米材料的光热治疗因能克服传统热疗的缺点，并能有效摧毁肿瘤细胞和组织，成为当前研究热点。

目前能吸收近红外光发热的无机纳米"药物"有碳纳米管、石墨烯、金纳米棒、金纳米壳等。它们对700~1000nm近红外光具有很强的吸收，同时也能够将吸收的能量转化成热量，而这一范围的近红外光线对生物体的穿透性较强，利用这些性质可以实现对肿瘤的热疗。众多研究表明，基于碳纳米管的热疗能够有效地抑制肿瘤的生长，并延长动物的生存时间。

此外，磁热疗也是一种有前景的方法。利用纳米四氧化三铁等磁性物质在交变磁场作用下产生热量物理属性，实现对肿瘤的热疗。一般将纳米四氧化三铁等注入肿瘤，使其获得磁性，然后将患者置于每秒钟变换方向数千次的交变磁场，受磁场激发，磁性纳米粒子开始变热，加热并摧毁周围的肿瘤组织。而正常组织由于不受磁场影响则不会升温、受到损害。

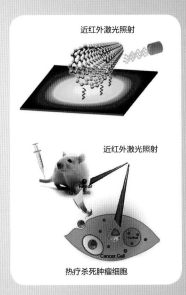

利用碳纳米管对肿瘤热疗

利用纳米四氧化三铁在交变磁场作用下发热进行肿瘤热疗

穿上"纳米外衣"的药物导弹

大多数的化疗都会对患者造成极大的痛苦，强烈的化疗反应让人感觉"生不如死"。化疗药物在杀伤肿瘤细胞的同时，也将正常细胞一同杀灭，是一种"玉石俱焚"的癌症治疗方法。通过纳米药物递送的方法可以为肿瘤治疗带来新的机遇。

纳米药物递送是指通过物理或化学方式将药物分子装载在纳米材料载体上，形成药物-载体的复合体系，类似将药物装载在"弹头"里，通过纳米导弹穿过人体的免疫系统，进入肿瘤等病灶目标区域内部，定点投放药物，这样药物就不会对邻近的健康细胞或组织造成伤害。因此，新型纳米载药体系是纳米生物医学领域的研究热点之一。而无机纳米材料是生物医学领域的后起之秀，在药物输送方面显示出巨大的应用前景。目前研究较为集中的无机纳米载体有磁性纳米粒子、介孔二氧化硅、纳米碳材料等。

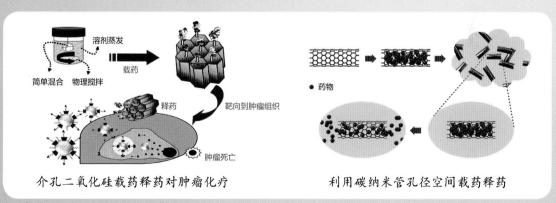

介孔二氧化硅载药释药对肿瘤化疗　　　　利用碳纳米管孔径空间载药释药

(图片来源 *J. Mater. Chem.*, 2010, 20, 5593)

(沈顺)

33

纳米诊断

让疾病现出原形的分子影像技术

临床影像诊断技术已有一百多年的发展历史。自德国科学家伦琴1895年发现X射线后不久，X射线成像就用于人体疾病的检查。随着科学技术的发展，科学家们又研发出了超声成像（Ultrasound Imaging, UI），计算机断层扫描成像（Computed Tomography，CT），正电子断层层析成像（Positron Emission Tomography, PET），磁共振成像（Magnetic Resonance Imaging, MRI）和光学成像（Optical Imaging, OI）等医学影像技术。各种影像技术的成像原理和适用范围不同，但都能够对人体组织器官的解剖结构、功能和分子信息进行成像，从而达到疾病诊断和对治疗疗效进行及时评估的目的。

疾病诊断的法宝
——纳米探针

光学探针

超声探针

磁性探针

磁性探针

CT探针

不同结构的
纳米探针

　　提早并准确诊断是提高疾病治愈率的关键，故发展"看得见、看得准、看得早、看得真"的诊断技术是现代医学的主要目标。诊断技术的发展除了需要先进的影像仪器外，还需发展新型而高效的"探针"。"探针"是指一种能产生可探测信号的特殊分子，这种分子可以在特定组织或细胞聚集，从而引起信号增强，用CT、MRI、PET等影像技术对这些分子发出的信号进行观测就可实现对病灶诊断目的的。直径1nm以下的探针通常被称为小分子探针。当探针的直径为1～100nm时，人们称之为纳米探针。与小分子探针相比，纳米探针在疾病诊断等方面具有众多优点。

　　纳米探针通常由三个部分组成，即载体、信号基团和靶向基团。载体是纳米探针的主体，由纳米尺寸材料组成。信号基团和靶向基团往往标记在载体上从而构成完整的纳米探针。理想的纳米探针一般需要满足安全性、高灵敏度和高靶向性等要求，可以与病灶组织或细胞特异性结合，从而实现对疾病的早期、准确诊断。

　　根据不同的成像技术，纳米探针可以分为纳米光学探针、纳米磁性探针、纳米超声探针等。

大显神通的纳米金颗粒
——CT成像纳米探针

　　金属在生活中随处可见，其应用十分广泛，但有一类金属结构却"鲜为人知"，因为它们实在是小到让人忽略，那就是纳米级别的金属颗粒。然而，正是这种十分微小的金属颗粒，却可以作为CT成像造影剂在医学诊断过程中起到重要作用。

　　纳米金即指金的微小颗粒，其直径为1～100nm，能与多种生物大分子结合，且不影响其生物活性。

　　利用氯金酸再通过还原法可以方便制备各种不同粒径的纳米金，其颜色依直径大小而呈红色至紫色。

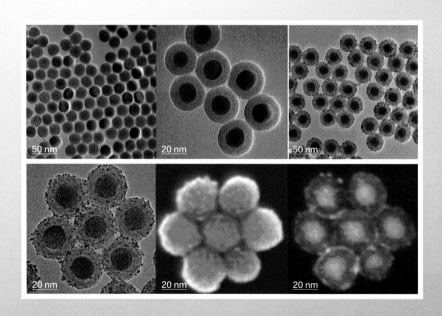

各种纳米金颗粒在电子显微镜下的图像

CT是目前医院最常用的疾病诊断工具之一，它可以根据内部组织对X射线不同的吸收特点给出组织结构高分辨率的三维立体图像。CT血管造影（CTA，CT angiography）就是将CT造影剂注入血管里，因为X射线无法穿透造影剂，所以就可以利用造影剂在X射线下显示血管结构，从而诊断血管内的病变。传统的血管造影剂为碘试剂，但因为其较短的成像时间和潜在的肾脏毒性使其应用具有极大的局限性。因此，新型CT造影剂——纳米金探针应运而生。纳米金探针有更长的显像时间和更低的毒性，并且其对X射线具有更高的吸收系数。更重要的是，纳米金探针具有的荧光增强效应，可以使其被广泛地应用于荧光成像。由此可见，纳米金探针不但能克服传统CT造影的局限性，并且能够被更广泛地应用于疾病的影像诊断中。

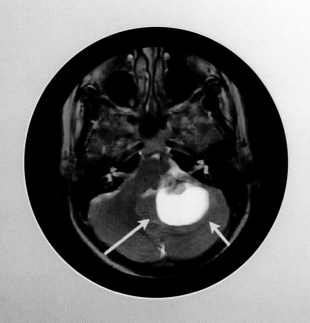

图中箭头处为脑肿瘤的CT图像

"小"气泡，"大"作为
——超声成像纳米探针

在宏观状态下，固体和液体接触面吸附微小气泡是一种常见的现象。但根据经典热力学理论，室温下纳米尺寸气泡是极不稳定的。因此，人们一直认为纳米气泡是不存在的。但是，上世纪末科学家从实验结果出发相继提出纳米气泡的存在，近年来随着显微镜技术的发展也直接观察到了纳米气泡。同时纳米气泡在医学诊断及治疗领域引起了越来越多的关注。

"神秘"的纳米气泡

我们知道，水沸腾时会有大量的气泡冒出，用洗衣粉洗衣服时也会有很多气泡产生。除了这些肉眼可见的气泡外，是否还有肉眼看不到但又真实存在的气泡呢？答案是有的，那就是微米/纳米级的气泡。和普通的气泡相比，纳米气泡能在水中停留更长的时间，一个原因是纳米气泡在水中的上升路径更长，更重要的是纳米气泡表面为负电荷状态，带正电荷的水分子会吸附在这些微小气泡的周围起到稳定微泡的作用。因此这些纳米级的气泡往往比那些正常的气泡有更长的寿命与和更强的生物组织穿透力。

纳泡表面为负电荷状态　　水分子的正电荷在纳泡周围　　破裂　　一般气泡　　微纳米气泡在水中停留时间长 上升路径长　　微纳米气泡

超声造影与气泡造影剂

当超声波穿过人体时，人体内不同的组织或器官对于超声波的反射和衰减程度不同。超声造影技术（Ultrasound imaging）是将人体反射回来的声信号进行处理和分析，并最终以图像的形式表现出来，供临床医生做进一步的分析。气泡因其内部气体具有非常好的压缩性而可以很好地反射声波。气泡与周围组织等对超声波的反射性能差异非常大，因此气泡的存在可以大大提高超声成像的质量。但人体内的气泡数量非常有限，为了提高超声成像质量，内含微气泡的超声造影剂便应运而生。目前绝大多数超声造影剂就是以微气泡为基础。气泡超声造影剂可以通过静脉注射进入人体内，由于其体积微小，可以随血液循环分布至全身。同时，超声造影剂中的纳米气泡还可以承受一定的动脉压力，避免破碎。

纳米级微气泡：一种新型的超声造影剂

传统微泡超声造影剂是基于微米级别气泡，微泡的平均直径约 $2\sim4\ \mu m$，小于红细胞直径，可以自由通过肺循环但不能穿透血管。正是因为常规微米级微泡不能自由通过血管壁，使超声分子成像的研究仅限于血管结构。但在肿瘤成像的过程中，微米级的气泡不能自由通过肿瘤血管壁，且较高机械强度的超声辐射又能使"脆弱"的微米气泡大量破裂，从而失去造影信号。因此可自由通过血管壁且更为"坚强"的纳米气泡，已成为一种新型的超声造影剂，其为肿瘤、心血管疾病的诊断治疗提供了更为有力的手段。

纳米气泡在
超声辐射下
可通过血管壁

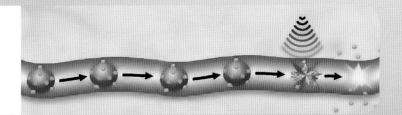

电磁施号令，金睛透肌骨
——磁共振成像纳米探针

什么是磁共振成像（MRI）？

　　磁共振成像（MRI）是目前临床上应用广泛的非创伤性的成像方法，已成为现代医学临床诊断中最重要的影像技术之一。MRI的优点在于可对人体的内部解剖结构，特别是软组织，如大脑，肝脏、心脏等重要器官进行高分辨率成像。通常情况下，人体内含量最高的氢原子的运动是无规律的，但将其置于外加磁场中时，它从无序向有序过渡并产生"共振"现象。由于不同组织中氢原子的"共振"信号强弱不同，通过测量人体不同组织的氢原子核的"共振"信号差异，可以揭示组织的解剖结构信息。

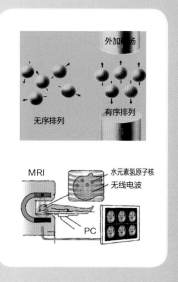

磁性纳米影像探针的应用

　　磁性纳米颗粒是一类性能卓越的纳米材料，它具有可控的尺寸、在颗粒表面易于修饰及磁共振信号可控等特质。以SPIO作MRI造影剂，根据肝肿瘤与正常肝组织所表现的MRI信号差异可用来诊断良性肝肿瘤、恶性肿瘤及肝硬化、肝炎等疾病，也可用于心肌缺血等心脑梗死疾病的定位和诊断。

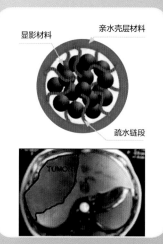

纳米荧光探针
——"点亮"搜寻疾病的"火把"

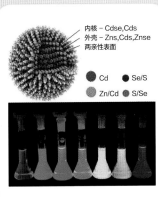

无机荧光纳米探针

纳米荧光探针是指粒径为纳米级别的光学诊断材料。其中一类纳米荧光探针其基质本身为发光材料，如量子点及稀土上转换材料。另一类通过将小分子荧光基团引入纳米载体中，从而实现光学诊断功能。与传统有机荧光基团相比，纳米荧光探针具有光学信号易调控，以及光学性质更稳定等优点。

光学影像指导下的手术

由于纳米荧光探针具有高示踪信噪比、高灵敏度、成像迅速、使用方便、安全性高等优点，基于纳米荧光探针的光学影像指导下的手术治疗方法受到越来越多的关注。例如，标记有靶向基团的纳米荧光探针经注射后可以定向聚集在肿瘤部位，手术过程中当激发光照射创口时肿瘤部位的探针会发出荧光，从而帮助外科医生对肿瘤，特别是肉眼难以辨别的小体积肿瘤进行准确定位和切除。

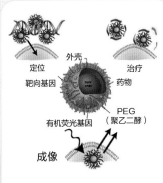

高分子纳米荧光探针

发蓝紫色光的为小体积
结肠癌肿瘤

（李聪）

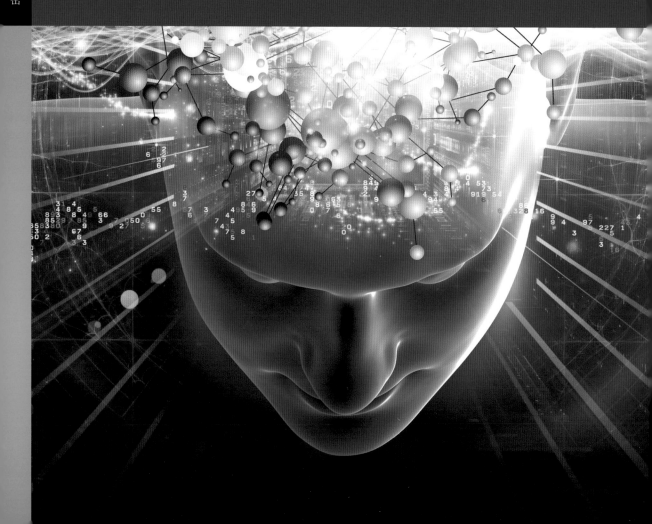

纳米药物入脑的秘密

脑部疾病治疗的困境
——血脑屏障的阻碍作用

　　脑是人体的"司令部"，它能主宰人的生命活动、精神活动和感觉运动等。当脑部发生疾病时，会严重危害人类的健康和生命。目前，全世界约有15亿人患有不同程度的脑部疾病，包括脑肿瘤、脑血管病变、脑部细菌病毒感染、帕金森病、阿尔茨海默病、癫痫等。

　　脑部疾病的治疗难度非常大。由于脑部遍布重要的功能区，外科手术往往无法实施，需要依赖药物进行治疗。但药物要进入脑内却面临机体最严密的屏障系统——血脑屏障。血脑屏障是存在于血液系统与脑组织之间的一种屏障系统，细胞紧紧"贴"在一起，之间几乎没有间隙，就像在脑组织周围形成了一堵厚厚的墙；并且血脑屏障上还存在高效的外排系统，可以像清道夫一样选择性将脑内的有害物质、过剩物质泵出脑外。血脑屏障独特的解剖构造是维持其生理功能的基础，这样不仅可以十分"挑剔"地吸收脑组织所必需的物质，同时还可以排出有害或过剩物质，为脑组织营造了一个相对稳定的内环境，保障脑的正常生理功能。

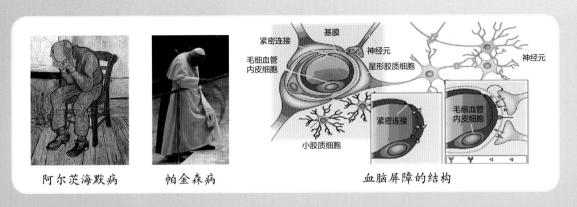

阿尔茨海默病　　　　　帕金森病　　　　　　　血脑屏障的结构

克服血脑屏障的"希望之星"
——脑靶向纳米递药系统

　　所谓脑靶向纳米递药系统是指把治疗脑肿瘤、阿尔茨海默病等脑部疾病的药物分子装载到大小为纳米级别的粒子中，并在纳米粒表面连接上对血脑屏障有高亲和力的靶分子（作为导弹头），这些纳米递药系统注射入血后，在靶分子的引导下"飞"向血脑屏障，进而通过受体、转运体或吸附介导等方式实现递药系统的跨血脑屏障转运，并在脑内释放药物，发挥对脑部疾病的治疗作用。

　　受体是一类存在于细胞膜或细胞内的特殊蛋白质，能与细胞外专一信号分子结合进而激活细胞内一系列生物化学反应，使细胞对外界刺激产生相应的效应。与受体结合的信号分子统称为配体。在纳米递药系统表面连接上配体，其遇到血脑屏障上相应的受体，两者特异结合，就像一把钥匙开一把锁一样，这时，血脑屏障的细胞打开了"大门"，将纳米递药系统"放进去"，进而运送到脑内。

　　脑组织需要大量的营养物质如氨基酸、糖类等以维持其生理功能，但这些物质无法自由通过血脑屏障，需要借助血脑屏障上的转运蛋白（简称转运体或载体）的转运功能才能递送入脑。

　　血脑屏障膜带负电，当与阳离子白蛋白、碱性多肽等带正电的大分子物质接触时，会产生静电相互作用。借助静电作用递送物质入脑的方式称为吸附介导的胞吞转运。

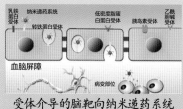
受体介导的脑靶向纳米递药系统

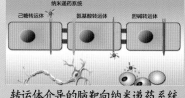
转运体介导的脑靶向纳米递药系统

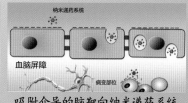
吸附介导的脑靶向纳米递药系统

巧妙绕开血脑屏障
——经鼻腔途径的脑内递药

我国古代就有通过鼻腔给药治疗脑部疾病的记载。20 世纪中期，西方学者发现某些病毒如脊髓灰质炎病毒可经鼻腔进入脑内，引起病毒性脑炎。此后，又陆续发现镉、镍、锰等金属离子，以及一些染料分子也能经鼻入脑。

研究发现，与药物入脑密切相关的是嗅区的嗅黏膜，嗅黏膜是鼻腔与脑组织之间的一层隔离膜。与血脑屏障相比，嗅黏膜的屏障作用要小得多，所以是脑与外界接触的一个薄弱环节。鼻腔给药后，一部分药物与嗅黏膜接触后，可被吸收到达黏膜下层，在黏膜下层有许多嗅神经，药物可以沿着嗅神经穿过筛骨筛板进入嗅球（位于脑前部，控制嗅觉），进一步再扩散到相邻的脑组织，从而避开了血脑屏障对药物入脑的阻碍作用。

临床试验中，当阿尔茨海默病患者分别鼻腔给予胰岛素和安慰剂（不含药物），给药8周后，胰岛素组的记忆能力显著高于安慰剂组，并且胰岛素组的患者焦虑感低、自信心增强，而血糖未见降低。表明胰岛素鼻腔给药后大部分药物进入脑内发挥作用，明显改善了阿尔茨海默病患者的记忆能力。

脑靶向纳米递药系统和鼻腔给药的研究已经为很多脑部疾病的有效治疗带来了曙光。随着分子化学、生物技术的发展以及对脑部疾病的分子发病机制研究的深入，这两种策略的优势将更易发挥，其在脑部疾病中的应用也将有更广阔的前景。

（张奇志）

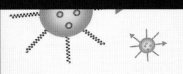
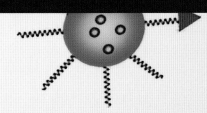

抗击肿瘤的纳米药物

　　通常，抗肿瘤药物进入体内后根据药物自身性质向各个组织器官自然分布，到达病灶部位的药物发挥治疗作用，到达其他组织时则产生毒副作用。这就造成了目前癌症治疗中的世界性难题，即一些抗肿瘤药物往往"不分细胞好坏"进行攻击，没有达到期待的抗肿瘤疗效，反而造成毒副作用。

　　理想的抗肿瘤药物是可靶向和富集于肿瘤部位并破坏肿瘤细胞，而对正常细胞和具有再生能力的干细胞不造成影响。抗肿瘤纳米药物按所到达的靶部位可分为三类：可以到达肿瘤组织的靶向制剂，即一级靶向肿瘤；可以到达特定肿瘤细胞的靶向制剂，即二级靶向肿瘤；可以到达肿瘤细胞内某些特定靶点，即三级靶向肿瘤。

　　抗肿瘤纳米药物是纳米药物研发领域发展最快的，虽然目前只有少数的纳米药物被批准用于临床，但将来会有越来越多的纳米肿瘤治疗药物和诊断试剂被推向商业化或达到临床试验阶段。

随血流进入肿瘤组织的被动靶向抗肿瘤纳米药物

为了延长抗肿瘤纳米药物在血液中的循环时间，躲避调理素对纳米药物的调理作用，通常使用聚乙二醇（PEG）修饰在纳米药物的表面。PEG的修饰使纳米粒子表面亲水性增加，不易与调理素结合，降低了网状内皮系统的清除作用，从而增加纳米药物向肿瘤组织的浓集。

瞄准肿瘤、靶向打击的主动抗肿瘤纳米药物

抗肿瘤药物的理想剂型是能将药物最大限度的输送至并选择性浓集于靶器官、靶组织、靶细胞的给药系统，从而达到低毒高效的治疗效果。目前，靶向肿瘤细胞的主动靶向给药系统是在纳米药物的表面安装"导航系统"，从而主动识别肿瘤细胞表面的特异性抗原或受体，主动区分肿瘤细胞和正常细胞。

在肿瘤特殊微环境中变身的纳米药物

在被动、主动靶向的基础上，利用肿瘤组织特殊的微环境特征进一步提高抗肿瘤药物的肿瘤特异性递送，降低其他器官的毒副作用。肿瘤细胞通过异常糖代谢即糖酵解获得更多的能量，在无氧条件下葡萄糖被酵解成乳酸，导致肿瘤细胞内部产生大量乳酸，形成微酸性环境；另一方面，肿瘤的异常血管引起肿瘤供氧不足、肿瘤细胞生长失控，并最终引起缺氧和代谢失常，从而增加无氧代谢。

近年来，主动寻找肿瘤组织、特异杀灭肿瘤细胞的纳米药物的设想，正在"bench to bedside"从实验室推向临床。另外，siRNA技术等也为肿瘤治疗带来了新的希望。

（王建新，蒋晨）

图书在版编目（CIP）数据

纳米药物 / 蒋晨主编．—上海：华东理工大学出版社，2015.8
（"纳米改变世界"青少年科普丛书）
ISBN 978-7-5628-4224-8

Ⅰ．①纳… Ⅱ．①蒋… Ⅲ．①纳米技术-应用-药物-青少年读
物 Ⅳ．①TQ460.1-49

中国版本图书馆CIP 数据核字（2015）第180224号

"纳米改变世界"青少年科普丛书

纳米药物

主　　编　蒋　晨
责任编辑　马夫娇
责任校对　金慧娟
装帧设计　肖祥德
出版发行　华东理工大学出版社有限公司
　　　　　地址：上海市梅陇路130号，200237
　　　　　电话：(021) 64250306（营销部）
　　　　　　　　(021) 64251137（编辑室）
　　　　　传真：(021) 64252707
　　　　　网址：press.ecust.edu.cn
印　　刷　常熟市华顺印刷有限公司
开　　本　889mm×1194mm　1/24
印　　张　2
字　　数　42千字
版　　次　2015年8月第1版
印　　次　2015年8月第1次
书　　号　ISBN 978-7-5628-4224-8
定　　价　19.80元

联系我们　电子邮箱：press@ecust.edu.cn
　　　　　官方微博：e.weibo.com/ecustpress
　　　　　天猫旗舰店：http://hdlgdxcbs.tmall.com

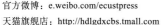

"纳米改变世界"
青少年科普丛书编委会

因青少年科普图书题材的特殊
性，需要引用大量图片以供青
少年读者学习。本书编委会虽
经多方努力，直到本书付印之
际，仍未联系到部分图片的版
权人，本书编委会恳请相关图
片版权人在见书之后尽快来电
来函，以便呈寄样书及稿费。